视觉传达

包装设计

深圳市艺力文化发展有限公司 编

U0229954

海峡出版发行集团
THE STRAITS PUBLISHING & DISTRIBUTING GROUP
福建科学技术出版社
FUJIAN SCIENCE & TECHNOLOGY PUBLISHING HOUSE

图书在版编目（CIP）数据

包装设计/深圳市艺力文化发展有限公司编. —福
州：福建科学技术出版社，2013.7
（视觉传达）
ISBN 978–7–5335–4338–9

Ⅰ.①包… Ⅱ.①深… Ⅲ.①包装设计 Ⅳ.①TB482

中国版本图书馆CIP数据核字(2013)第170732号

书　　名	包装设计
	视觉传达
编　　者	深圳市艺力文化发展有限公司
出版发行	海峡出版发行集团
	福建科学技术出版社
社　　址	福州市东水路76号（邮编350001）
网　　址	www.fjstp.com
经　　销	福建新华发行（集团）有限责任公司
印　　刷	福建彩色印刷有限公司
开　　本	700毫米×1000毫米　1/16
印　　张	15.5
图　　文	248码
版　　次	2013年7月第1版
印　　次	2013年7月第1次印刷
书　　号	ISBN 978-7-5335-4338-9
定　　价	50.00元

书中如有印装质量问题，可直接向本社调换

前言

包装是为产品而设计的。从现代营销提出的整合传播观念来看，它已成为促销中一种不可替代的媒介。包装已不只是产品策略中的问题，消费者对产品产生兴趣，很大程度上依赖大众媒体广泛的渗透，能否最终购买，还要看关键的临门一脚。包装作为与消费者沟通的最后一关，有着举足轻重的作用。企业需要通过包装这一载体传达产品的内涵，也需要通过好的包装设计师和消费者完成最后一步的沟通。在现代商品经济中，包装已融为产品的一部分，它直接刺激着人们的购买欲望，具有强大的促销力，从而提高包装设计在色彩、造型、材料工艺等方面的正确定位。包装设计最主要的功能是保护商品，其次是美化商品和传达信息。值得注意的是对现代消费者来讲，后面两种功能已经越来越显示出其重要性。本书作为"视觉传达"系列图书之一，收录来自全球范围内的包装项目，品类涵盖各个领域，具有广泛的应用性。本书不仅信息量大，且每一个案例都带有精美的图片及简要介绍。全书内容丰富，设计精美，能够帮助读者从中更好地领略设计的精髓及设计师灵感所在。

编者
2013 年 7 月

目录

目录

基利尼

设计公司 - 拉里

"基利尼"设计旨在打造一个传统与现代结合的食品包装。为了与超市里其他食品包装区分开,包装盒上正面设计吸引人们眼球的图案,在包装盒的背面比较直观体现了食物的图案。

设计公司 - 拉里

"佩特弗兰"包装视觉的关键是使用了合适的图案，特别是对应龙鱼和锦鲤等特殊品种的图示。每个类别的产品凭借颜色编号，以供快速查找，同时该品牌整体包装一致。

昆·维斯酒

设计师 - 亚伦·威拉德

这个酒包装选取极简主义风格，还设计了对话泡泡框，商标简单但经过精心设计，有助于创建一个完整的包装和品牌体系。

设计师 - 亚伦 • 威拉德
↓

兔八哥 & 艾玛

设计师 - 阿曼达 • 莫恰
↓

该设计融入了两个知名的卡通形象兔八哥和猎人艾玛之间的对话。

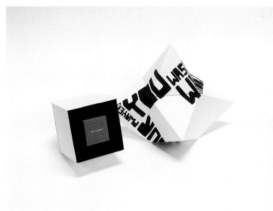

作品

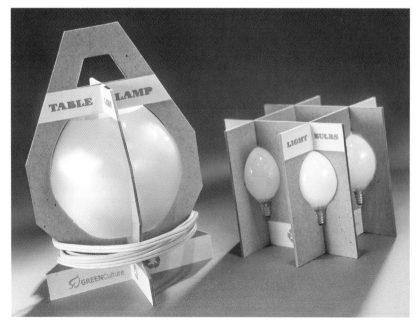

设计师 - 凯特琳 • 麦克卢尔

设计师分别为巧克力、台灯和
灯泡等设计的包装。

埃尔森特罗报的礼物盒

设计公司 - 安德烈 · 阿尔瓦拉多

这个礼盒包装是为一家墨西哥报社所设计，这家报社为了感谢主要客户的忠诚，用该礼盒盛装苹果多媒体播放器。

马拉恰尔纳咖啡

设计师 - 亚瑟·克鲁帕

该设计是为浓缩咖啡做的品牌和产品包装，马拉恰尔纳咖啡意为"黑发的娇小女子"。

瑞森诺化妆品

该包装是为一个虚拟的化妆品牌而设计的，共有四种不同的风格，这个盒子约 20 厘米高，仅在一处用胶水粘合。

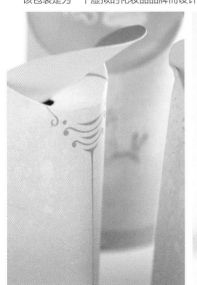

鸢尾白兰地酒

鸢尾白兰地酒包装面向女性，采用优雅、现代的线条和形状。

绿松子酒

绿松子酒包装为了与其他产品区分，采用绿色，明朗、易于辨认。

设计师 - 亚瑟 · 施赖伯

萨姆拉伏特加酒

该伏特加酒包装轮廓鲜明，使用了有装饰的优质玻璃材料。

设计师 - 亚瑟 · 施赖伯

白金伏特加酒

"白金"在俄罗斯是一个非常有名的伏特加品牌，在磨砂黑瓶上用银标签进行装饰，看起来高贵而新颖。

罗意威

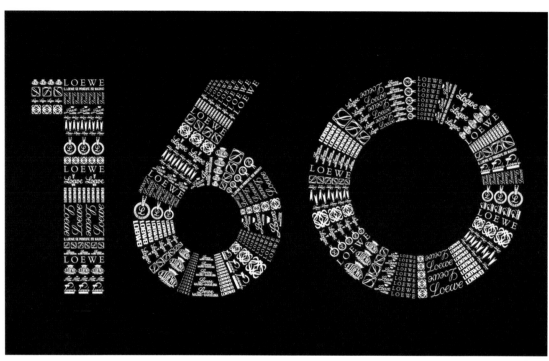

基点设计为西班牙奢华皮革品牌罗意威设计的目录，共有 20 个不同文件夹，每位艺术家分别在每个不同文件夹为大家带来惊喜。

酒包装

设计公司 - 博德里尼 & 菲查尔迪工作室

该葡萄酒的包装试图讲述葡萄酒背后国家景观和文化的故事。

设计公司 - 博德里尼 & 菲查尔迪工作室
⬇

面包片笔记薄

设计师 - 布拉克・凯雅克

笔记薄被设计成 12 块面包片，新颖、便于携带，看起来是不是很美味呢？

专用日记本

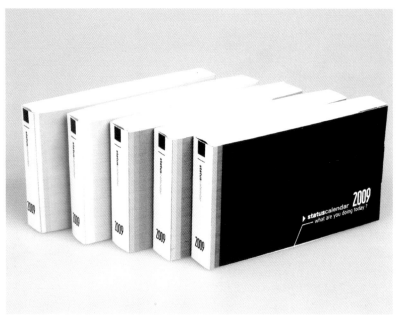

设计师 - 布拉克 • 凯雅克

这本日记本每天都在邀请您回答"你今天在干嘛"这个问题哦。

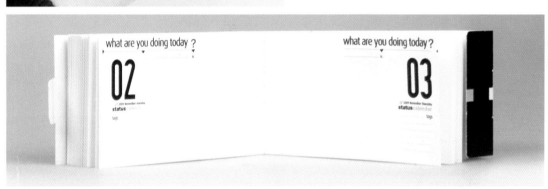

野餐包装

设计师 - 凯西尔雅·莎丽

设计师根据客户的喜好，设计了拼贴风格的包装。

设计师 - 凯西尔雅·莎丽

　　"欧斯维特有机糖果"包装本身可供孩子改成悬挂饰物，盒上使用了一系列动植物图案，设计现代、幽默，并有创意。

《新》杂志

设计师 - 卡尔 · 本德尔

《新》作为一本关于音乐的杂志，包装简洁大方。

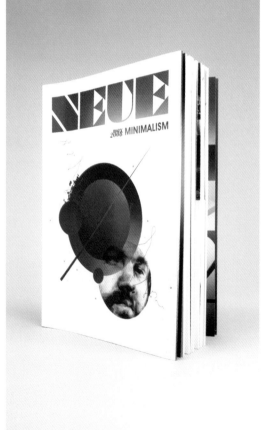

LAMONTE YOUNG
THE GODFATHER

by Mark Prendergast

"BY REDUCING MUSIC
TO THE ELEMENTS OF
SINGLE SOUNDS AND
MULTIPLYING ITS EFFECT
THROUGH REPETITION,
YOUNG TEMPLATED NOT
ONLY MINIMALISM BUT
AMBIENT ROCK."

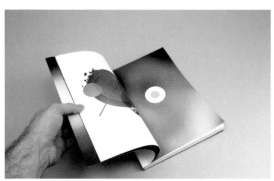

药物依赖者

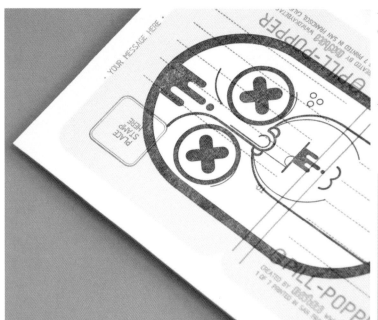

设计师 - 卡尔·本德尔

该设计使用了凸版印刷，形似明信片。

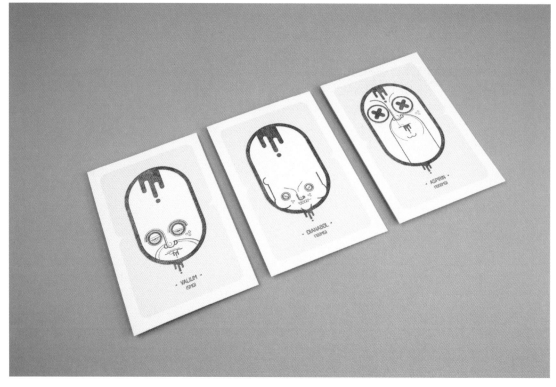

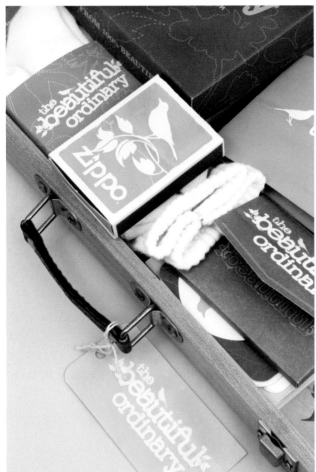

设计师 - 卡尔 · 本德尔

该包装为一个电影节而设计，主要是想在设计中体现美好的日常生活。

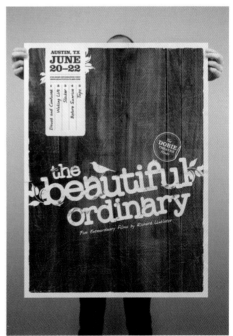

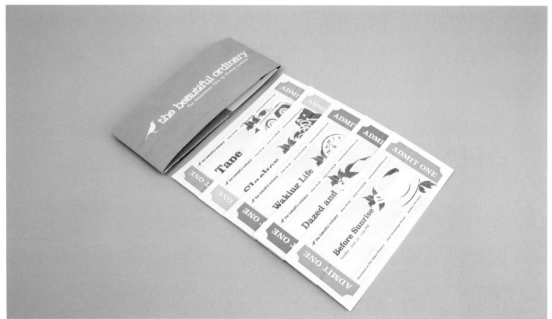

木材：回归自然

设计师 - 卡尔·本德尔

设计师为《木材：回归自然》这本书设计的包装。

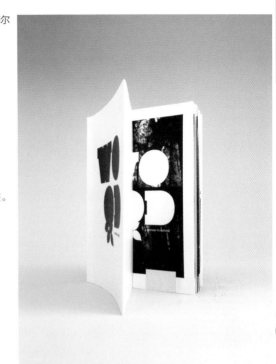

INTO THE WOOD

Just after sunrise and what feels like a million miles from nowhere. The darkness of the forest pulls me inward.

SWALLOWED UP

Parking the car along the side of the road and walking west on what looks to be a frequently traveled trail, I head into the forest's dark canopy before the sun has a chance light the day. About half a mile in a pair of deer cross my path stopping to look at me, feeling strangely out of place. I realize it's been far too long since I've been in an environment where my feet make direct contact with the soil of the earth.

ECOSYSTEM

The forest is an old-growth coastal redwood forest. Due to its proximity to the Pacific, it's regularly shrouded in coastal fogs, contributing to an aqueous environment that lends itself to vigorous plant growth. The fog is also vital for the growth of the redwoods as they use moisture gleaned from it during the dry summer season.

AREA HISTORY

Native Americans living in the area were called Miwok. The Miwok were, for the most part, coastal dwellers and the these areas put them in close proximity to a dependable food supply of clams, mussels, limpets, acorns and other plant life they likely that they hunted in and around the forest year round.

COASTAL DEER

While most often associated with forests, many deer live in transitional areas between forests, thickets, prairie and savanna. The vast majority are in temperate mixed deciduous forests, mountainous mixed coniferous forest, tropical and seasonal forest and savanna.

CLARITY

Another hour or so and I come out of the forest into a clearing with a grassy meadow, wide open sky and a view of the ocean off in the distance. Looking down at the ground I'm happy to be a part of the earth I'm tethered to. As I survey my new foliate surroundings I recognize that both the plant and animal life has changed. Up in the sky birds of prey circle and the ferns of the deep forest are replaced by tall grass, rocks and shrubs.

05

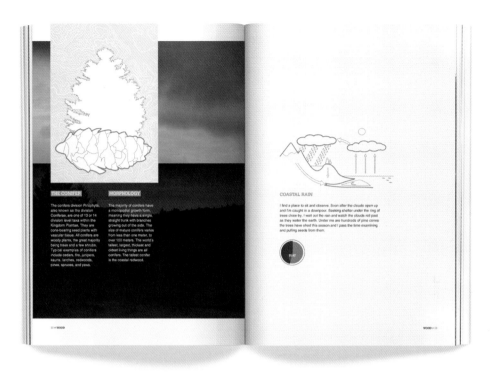

THE CONIFER

The conifers division Pinophyta, also known as the division Coniferae, are one of 13 or 14 division level taxa within the Kingdom Plantae. They are cone-bearing seed plants with vascular tissue. All conifers are woody plants, the great majority being trees and a few shrubs. Typical examples of conifers include cedars, firs, junipers, kauris, larches, redwoods, pines, spruces, and yews.

MORPHOLOGY

The majority of conifers have a monopodial growth form, meaning they have a single, straight trunk with branches growing out of the side. The size of mature conifers varies from less than one meter, to over 100 meters. The world's tallest, largest, thickest and oldest living things are all conifers. The tallest conifer is the coastal redwood.

COASTAL RAIN

I find a place to sit and observe. Soon after the clouds open up and I'm caught in a downpour. Seeking shelter under the ring of trees close by, I wait out the rain and watch the clouds roll past as they water the earth. Under me are hundreds of pine cones the trees have shed this season and I pass the time examining and pulling seeds from them.

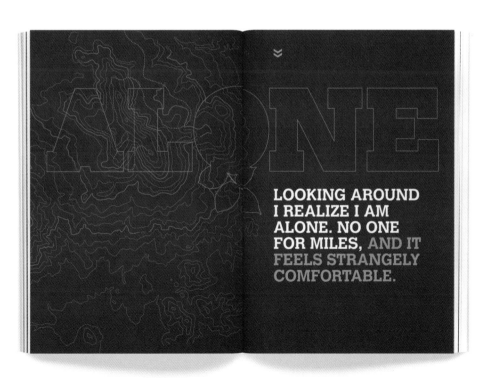

LOOKING AROUND I REALIZE I AM ALONE. NO ONE FOR MILES, AND IT FEELS STRANGELY COMFORTABLE.

绝味冰淇淋

设计师 - 查莫·若昂

"绝味"是为孩子设计的冰淇淋包装，包装上的脸部表情表现出"绝味"冰淇淋多么有趣和美味，可与孩子产生互动。作为一个可循环利用的包装，该设计也很环保。

袋子

设计师 - 克里斯·特里维查斯

袋子包装上印有希腊双关语 "这打扰到你吗"。

浴帽包装

设计师 - 克里斯·特里维查斯

该设计为一个色彩鲜艳的浴帽包装。

卡片游戏

设计师 - 克里斯 • 特里维查斯

设计师为一个游戏设计的包装，盒中共有 20 张写有问题的卡片。

杯垫

设计师 - 克里斯·特里维查斯

克里斯·特里维查斯设计的杯垫包装，每个杯垫上都画有玻璃器皿的轮廓。

菲格因·阿黛娜登

设计师 - 克里斯·特里维查斯

菲格因·阿黛娜登来自古希腊格言，意为命运是上天注定的，酒瓶上有三条平行线，瓶后还写着相应的预测。

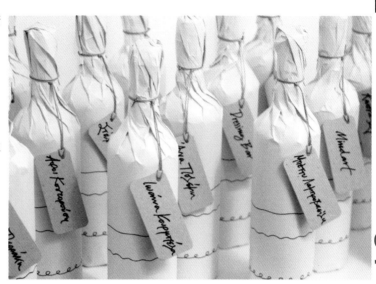

玻利斯啤酒

设计师 - 克劳德 • 奥楚

玻利斯啤酒包装为这个新产品打造了独特而有新意的外形，关注饱和的啤酒市场中易被忽略的目标客户。

设计师 - 克劳德 • 奥楚

53

水果 & 热情护肤品是圣诞季的明星产品，将现有的两组产品结合起来，简化原有的包装，并且使用流行材质。

设计师 - 克劳德 · 奥楚

特伦斯特咖啡包装通过整洁且富有都市感的设计，明显提升了产品外观的美感。

死亡迪斯科

设计公司 - 海岸设计工作室

《死亡迪斯科》是伊凡·斯瓦格尔的第四张专辑，包装从视觉上阐释了《死亡迪斯科》的阴暗基调。

设计公司 - 海岸设计工作室

海岸设计工作室为魔豆品牌设计的包装，简单地采用黑色和白色，上有纪念标识。

《最后营地》封面包装

设计师 - 安德烈•库登科，伊利亚•洛夫特梭弗

设计师为《最后营地》设计的书和 DVD 包装，分别用木料和纸板制成。

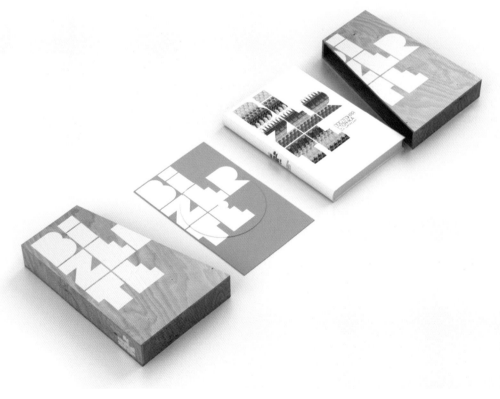

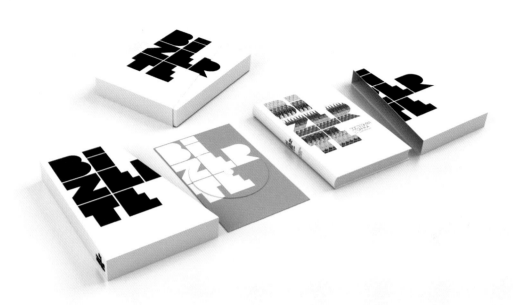

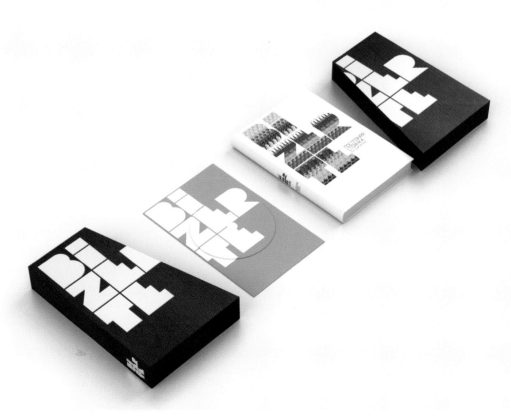

帕拉德公司品牌重塑

设计师 - 安德烈・库登科，德米特里・里巴尔金

设计师为帕拉德公司重新做了设计，标志设计为女人的嘴唇,反映了帕拉德现今对女性消费者的关注。

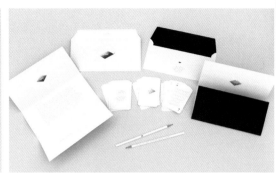

帕拉德目录

设计师 - 安德烈·库登科，
亚历山大·布劳科赫，
伊凡·波波夫

该目录被设计为明信片的集合，包装
模仿了宇航员太空食物的设计。

设计师 - 安德烈·库登科，
亚历山大·布劳科赫，
伊凡·波波夫

设计师 - 安德烈•库登科，
亚历山大•布劳科赫，
伊凡•波波夫

维鲁酒

设计师 - 丹·米金

维鲁酒包装的细节、标签、图案等都是表现了爱沙尼亚和它的黄金时代——20 世纪 30 年代装饰派艺术时期。

设计师 - 大卫·毕格罗

该设计理念的灵感来源于健康滋补品，呈现血腥玛丽的本质。

吉他拨片

设计师 - 大卫·毕格罗

"吉他拨片"的包装使用了直角元素，设计反映了约瑟夫·亚伯斯的系列画作《向方形致敬》。

职人陶瓷刀具

设计师 - 大卫·毕格罗

"职人"是供寿司爱好者使用的一套陶瓷刀具，该包装形式和色彩的灵感都来自于日本建筑。

"嘘"杀虫剂

设计师 - 大卫·毕格罗

该杀虫剂的包装关注的是较有健康意识的消费者或者今天的嬉皮士。

调味罐

设计师 - 大卫·毕格罗

该香料包装可使用户按自己喜欢的咖喱口味
调制香料，容器瓶变得更好辨认。

"蜂富皂泡" 肥皂

设计公司 - 艾尔设计

艾尔设计为较高端的肥皂"蜂富皂泡"所设计的包装，呈现出奢华的颓废气息。

纸板儿童椅

设计师 - 大卫·格拉斯

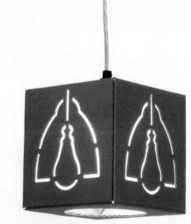

纸板儿童椅是一个需要自己完成的作品，用户必须自己将
纸板切开，自己组装。该包装最大的优点是减少浪费。

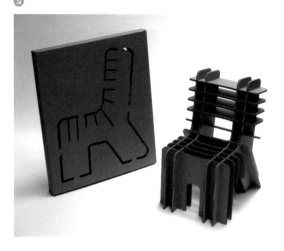
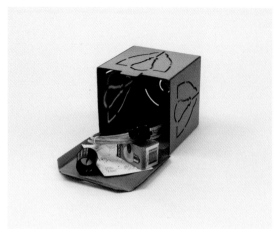

黄金时代红酒

设计师为智利红酒"黄金时代"设计的包装,大胆地使用烫金和智利盾章,凸显葡萄酒的起源。

"小屋架"红酒包装

该包装主要是为了反映这种酒的真实背景——乡村的简单生活。

设计公司 - 设计者旅程工作室

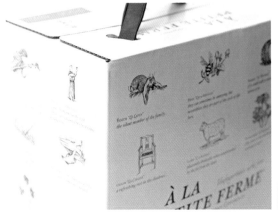

设计公司 - 设计者旅程工作室

这个酒包装上超现实主义而有趣的图灵感来自于袋鼠和树袋熊。

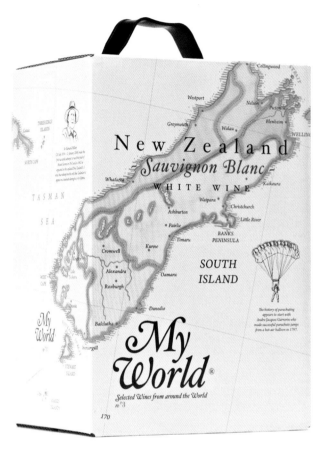

设计公司 - 设计者旅程工作室

酒瓶上有手绘的地图，以及一系列关于相应国家的插画。

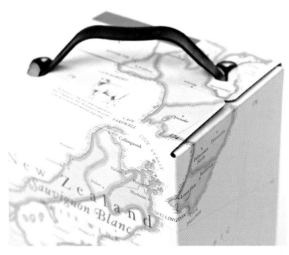

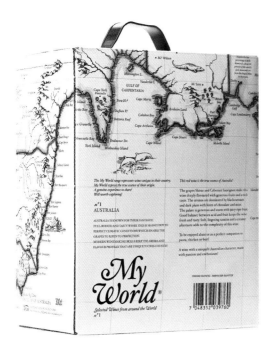

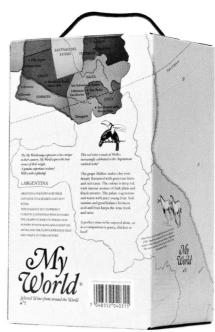

"早上好"维生素

设计师 - 埃尔玛

"早上好"维生素包装更加清晰可见，提醒人们服用维生素。精致的字样和线图都反映了禅宗对健康生活习惯和身体的倡导。

"碾茶"冰茶

设计师 - 艾瑞克 • 伊克奥特

"碾茶"冰茶有着干净简洁的外观，包装通过不同图案凸显不同口味。

金克普拉特

设计公司 - 法娜卡勒

金克普拉特是一支来自南非的流行摇滚蓝调乐队,他们的这张专辑,以收缩膜包装,包装简洁,前后可以用吉他拨片刮掉表层的墨粉。

皮普我的盒子

设计师 - 乔·桑吉诺

这个作品作为礼品包装，不但色彩鲜艳，并且非常实用，可再用于装饰或存储物品。

真理毒杆菌

设计师 - 汉娜·艾尔·伯戈因

"十"字简易造型中富有一些曲线形的变化，四翼齐收，结合丝质绑带，即可将产品包装起来。

布瑞克

设计师 - 哈托蒙奇

"布瑞克"作为一个包装概念，包括四部分包装和支持物，看起来像乐高积木，可运用想像力弯曲或拆分。

尼亚加拉

设计师 - 哈托蒙奇

该矿泉水包装简洁，强调其为天然产品，商标看起来像瀑布，寓意源源不断的纯净水。

格美的衣橱

设计师 - 金希允

"格美的衣橱"作为面向青少年消费者的中国茶，包装不再那么传统，盒子关闭时，看不到商标；打开盒子，就能看到商标以及上面的图案。

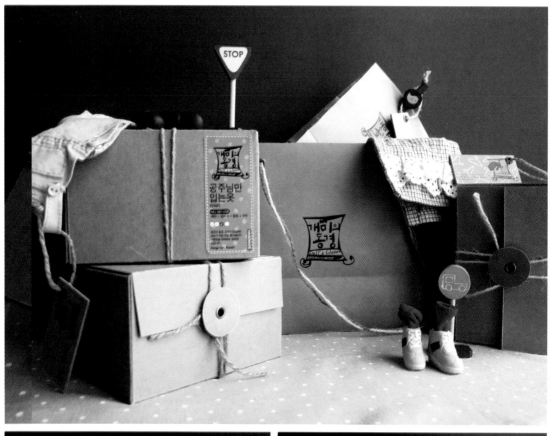

设计师 - 尔雅 · 阿瓦科弗

该足球包装传递了速度、游戏以及民主等足球运动的精神，且材质成本低，便于携带。

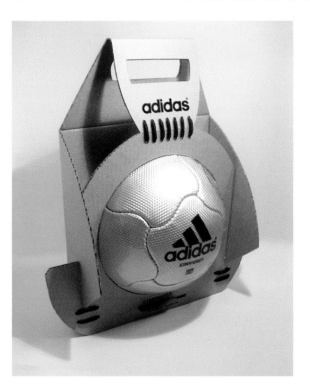

普列帕——最好的墨西哥辣椒

设计师 - 艾琳娜·伊万诺娃

该包装盛放的是黑色胡椒，设计师采用了独特的包装结构，并使用了美丽的传统图案。

罗素的储备

设计师 - 艾琳娜·伊万诺娃

瓶身上的文字是设计突出点，而简洁的瓶身设计使其更加大气。

设计师 - 艾琳娜 • 伊万诺娃

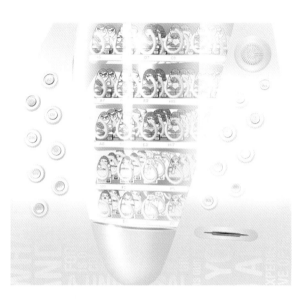

纯品康纳鲜榨果汁外形鲜艳，形状有特色。

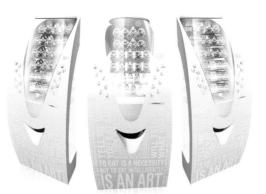
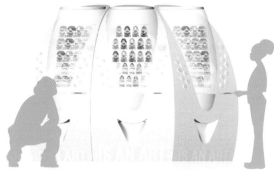

纳塔尔

用颜色对不同产品进行区别划分，既突出系列产品的清晰，又强调整体产品线的完整。

设计师 - 伊莎贝拉·舒达

爱食物

设计师 - 伊莎贝拉·瑟塔

包装旨在推广天然产品，获得艾伊德米兰设计大赛包装类别的奖项。

雷弗列苏

设计师 - 伊莎贝拉·舒达

同一元素以不同的形式贯穿这一系列作品，既强化了品牌又强调了产品风格的延续性。

亡灵节糖果盒

设计公司 - 吉米 • 何

该包装不仅盛装糖果，用户还可以使用它不断拼成糖果"骷髅"。

杜松子酒选择盒

设计公司 - 吉米 • 何

设计师吉米 • 何设计了一个"杜松子酒选择盒"的包装，消费者可往里面扔硬币，包装盒上使用了丝网印刷工艺。

设计公司 - 吉米 · 何

设计师对塞缪尔 • 史密斯品牌进行重新设计，包装上采用同一张纸板包装四个酒瓶。

设计师 - 乔恩·帕特森

"龟甲万"作为一个酱油瓶包装，整体黑色，商标处使用局部印刷处理工艺，顶部软木塞"浮"在瓶口，独特而有动感。

诺卡

诺卡包装明朗简洁，采用了小瓶的设计，瓶子可重复使用。

设计师 - 乔恩 • 帕特森

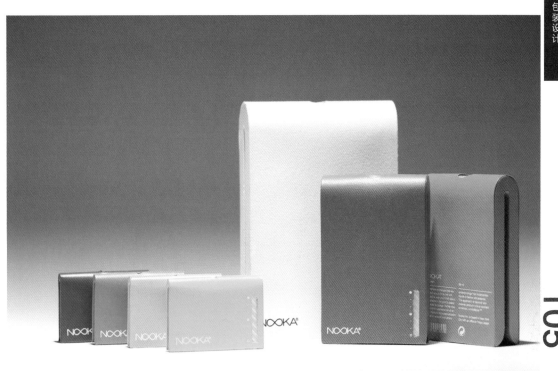

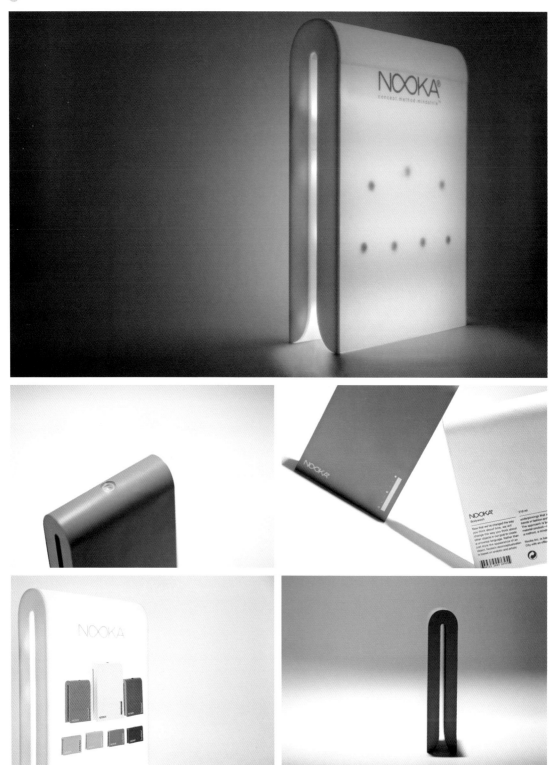

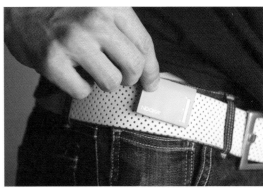

瑟选啤酒

设计师 - 乔恩·帕特森

该啤酒托架不同于常见的纸板盒，设计师融入年轻滑雪板玩家的时尚生活方式，包装的木质纹理和所用染料灵感都来自于滑雪旅馆的小木屋，外形则有点像手榴弹，整体呈"自杀炸弹"风格。

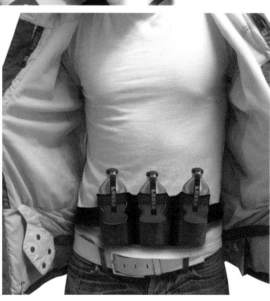

维拉琉毕梅特啤酒

设计师 - 乔丹·杰勒弗

整个酒的包装重复了"villa lyubimets selection"的字样，酒瓶上的小鸟装饰制成锡鸟状。

荷夫啤酒

设计师 - 劳拉·贝格伦德

荷夫啤酒包装全使用上下倒置的形状，以向热气球生产公司荷夫致敬，字体鲜艳，酒瓶上图案全部为手工丝印。

纳辛斯科特农场

该包装与众不同，具有可持续、有机、无标签的特点。由于这些牛奶和奶酪都生产于有机农场，包装和菜单所使用的纸可 100% 回收和降解，奶酪也使用可降解的粗棉布和蜡纸包装。

倡导"杜绝过度渔捞"社会意识运动

设计师 - 林赛·帕金斯

设计师在该包装中倡导不要过度捕食海洋鱼类。

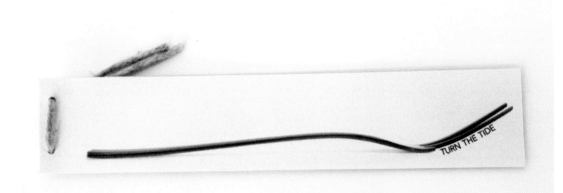

SCIENTISTS SAY THAT FISH WILL BE EXTINCT BY THE YEAR 2048

宝马 M3——车钥匙新奇盒

设计师 - 林赛 · 谢尔曼

该豪华包装灵感直接来源于现有的宝马 "M3" 标志，
材料使用了黑丝绒纸等。

《好孩子》儿童有声读物

设计师 - 林赛·谢尔曼

该包装设计了一个存储套筒和两个可移动的托盘。

设计师 - 林赛·谢尔曼

有机鸡蛋引入经典包装概念，穿孔杯能让您毫不费力地存储和携带鸡蛋。

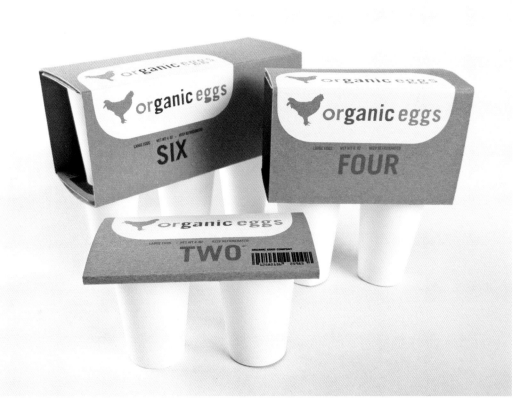

棋盘游戏

设计师 - 丽莎·温南德

这个棋盘游戏包装运用了丰富的色彩。

设计师 - 丽莎·温南德

该 DVD 包装上采用了电影中的图片和对话片段，并附有一个钱包状的盒子。

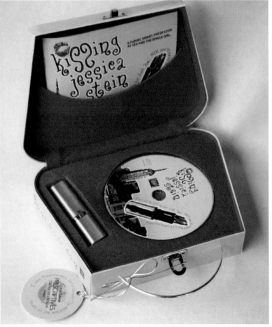

设计师 - 丽莎·温南德

福瑞斯是一种纯天然有机沐浴产品，包装也使用可回收材料，促使客户热爱和关注大自然。

奥斯朴斯名人冰块模具

设计师 - 露西 • 哈格瑞夫

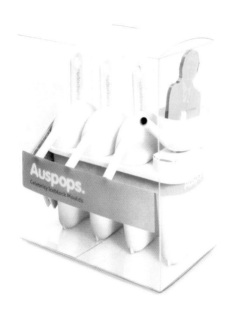

简易的透明包装意在彰显产品自身的特色，使消费者可以直接透过包装看到产品自身。

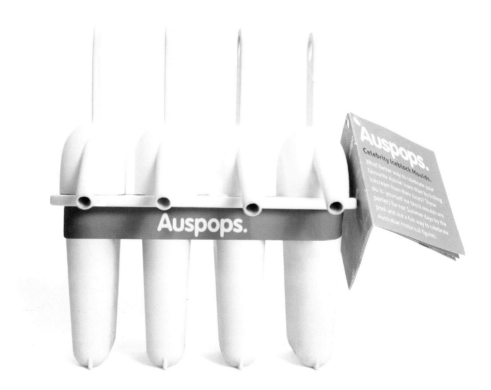

肥皂

设计师 - 露西・哈格瑞夫

这一系列的肥皂包装，共有橙、粉、黄、蓝四色，并且每一个包装上都有一个设计精美却形状各异的镂空图案，整体既清新又不失精致。

设计师 - 露西·哈格瑞夫

露西·哈格瑞夫设计的这一系列酒品包装，不得不说是别出心裁，既有别于一般的酒品包装，使其能够在众多产品中轻易获得消费者的眼球，又将"酒杯"这一元素巧妙地融入包装中，使其与产品自身产生联系。

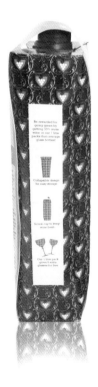

便捷水果

设计师 - 马塞尔·布尔卡

《便捷水果》包装的理念是产品仿佛一个水果分成两半，上设盖子，标志为干净、简单的字母"Q"。

130

设计师 - 玛丽莲 & 桑斯

设计师为来自巴厘岛的天然的英达唇膏设计的包装。

雷防风火柴

设计师 - 亚伦 • 威拉德

该火柴盒包装设计简洁，黑、黄两种颜色搭配浅棕色再生纸。

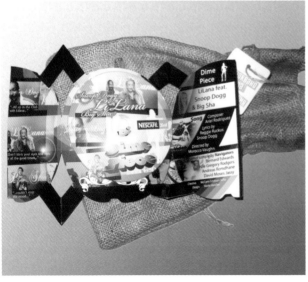

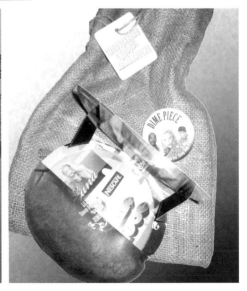

设计师 - 马修 • 欧曼斯

该产品旨在通过把海滩上的沙带到工作地点，让人们上班也能感受到海滩的气息。

禁忌鸡尾酒

设计师 - 迷他 • 帕那萨

该包装设计灵感来自于阿拉伯图案中错综复杂的几何形状。

欧普艺术葡萄酒包装

设计师 - 迷他 • 帕那萨

该葡萄酒包装设计灵感来自于约瑟夫 • 阿尔伯斯和视觉幻象艺术运动的色彩和设计风格。

珀尔 & 梅布尔

设计师 - 迷他 • 帕那萨

迷他 • 帕那萨设计的一个新品牌草药茶的包装，上面的泡泡引用了两位年长而时尚的英国女性的闲谈内容。

波旁食物包装

设计师 - 迈克尔 • 尹

岁月波旁（Aged Bourbon）为三种面向不同年龄消费者的优质波旁食物包装。

意大利优质冷冻餐包装

设计师 - 迈克尔 • 尹

该包装是为优质原料制成的意大利有机冷冻餐所设计的包装。

唐恩都乐夏日饮嘴杯

设计师 - 迈克尔·尹

该设计为唐恩都乐夏日饮嘴杯的推广包装。

果汁盒 · 能量果汁

设计师 - 迈克尔·尹

该设计为 100% 橙汁和石榴汁的能量饮料包装。

设计师 - 迈克尔 · 尹

该包装将100%无瘾烟草置于"保鲜管"中。

雪莉 & 亨利预混鸡尾酒

设计师 - 迈克尔 · 尹

此包装为一种预混鸡尾酒而设计，整体色调微暗，把手具有复古感。

海奇

设计师 - 米阿利・卡涩鲁

"海奇"作为一种食品包装，轮廓
鲜明，简单自然。

这些彩色铅笔物美价廉，包装也较有童趣。

设计师 - 莫妮卡·安蒂诺

该项目是为草莓酱做的包装，重新设计了草莓酱瓶的外形。

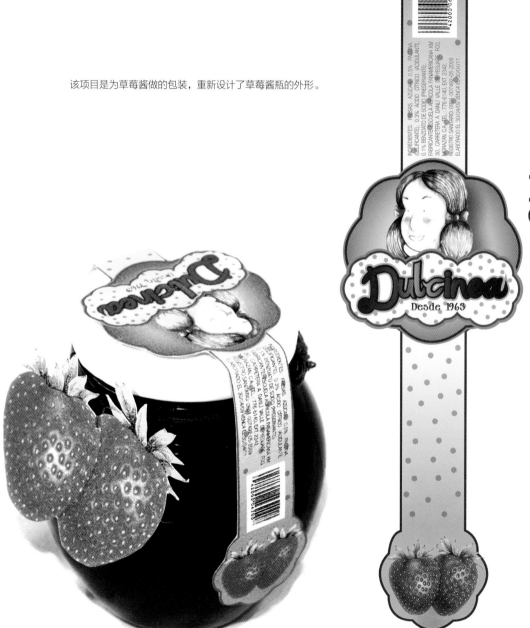

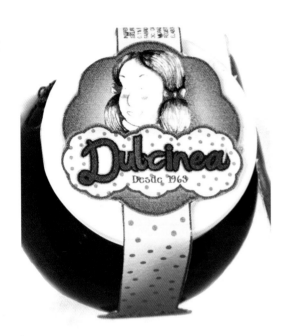

曲奇饼包装

设计公司 - 莫克西·索卓
设计师 - 特瑞·高瑟

美味甜点（EatPastry）公司重新定义了健康甜点的概念。为了展现产品的美食特点，设计师手绘了艺术装饰风格的图案作为包装标签，使其在甜点类食物中脱颖而出。

设计公司 - 莫克西•索卓
设计师 - 特瑞•高瑟

福勒提尼葡萄酒

设计师 - 纳迪•巴什那

福勒提尼葡萄酒的瓶子和标签都强调了该葡萄酒的女性气质。

设计师 - 纳迪•巴什那

卡拉达格葡萄酒主要是为了提醒人们生活在卡拉达格的濒危动物品种。

我们农场的奶制品

设计师 - 纳迪 • 巴什那

"我们农场的奶制品"作为无污染的优质牛奶包装，具有较为乡村气息的外观。

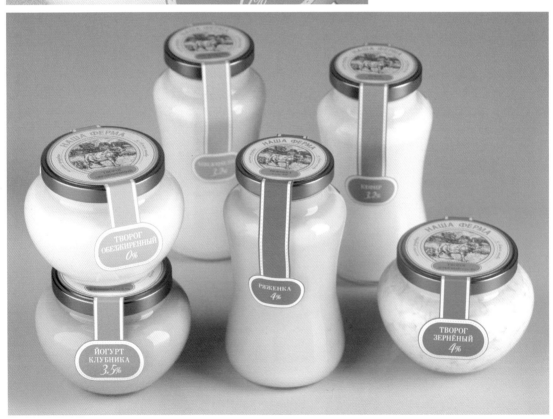

盛邦葡萄酒

设计师 - 纳迪·巴什那

盛邦葡萄酒的包装强调出该葡萄酒的产地是太阳能比较丰富的地区，酒的原料有着很充足的日光照射。

珠蝶

设计师 - 诺哈·赫沙姆

设计师将珠子串成蝴蝶形状。

设计师 - 诺哈·赫沙姆

设计师在盒子上设计了不同的图案。

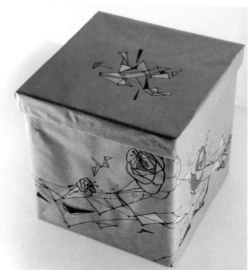

定制的莫勒司金思

设计师 - 诺哈 • 赫沙姆

设计师诺哈 • 赫沙姆在盒子上手绘了许多图案。

百吉克葡萄酒

设计师 - 奥努·肯·科版

百吉克葡萄酒包装融入装饰和传统的细节，字样清晰，整体图形看起来颇为新鲜。

设计师 - 奥努·肯·科版

深蓝伏特加酒包装看起来更丰富多彩、富有精力，以此来吸引年轻人。

古普德苏咖啡

设计师 - 彼得 • 雷 • 厄本

古普德苏是一个咖啡外卖的包装，图案和商标均为手绘。

乐购新鲜咖啡

设计师 - 阿尔设计

英国阿尔设计公司为乐购设计的咖啡包装。

乐购绿色草药茶

设计公司 - 阿尔设计

阿尔设计为知名品牌乐购的草药茶设计的包装。

设计师 - 雷蒙娜 • 托多卡

该包装中，一个帆布材质的外信封里包含了其他四个小信封。

德维黑版酒

设计师 - 萨米·哈利姆

该酒包装色调以黑色为主，图案仿佛是刮出来的，字样也故意设置了一些错误。

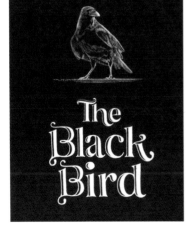

潘通家庭油漆

设计师 - 萨米·哈利姆

作为一种概念包装，设计师为潘通家庭油漆设计了许多颜色，为那些喜欢在墙上或家具上使用潘通色彩系统的人们提供了可能。

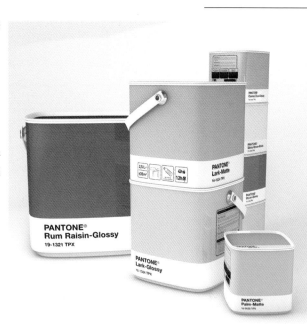

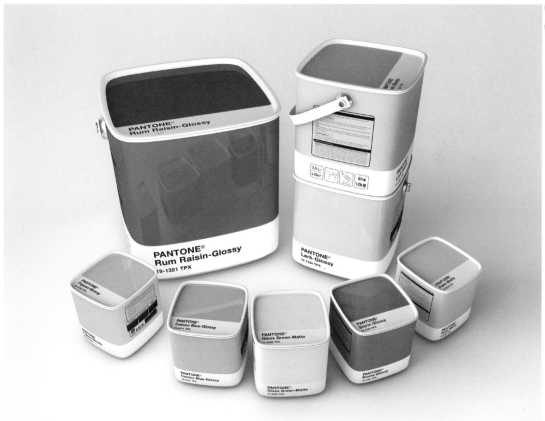

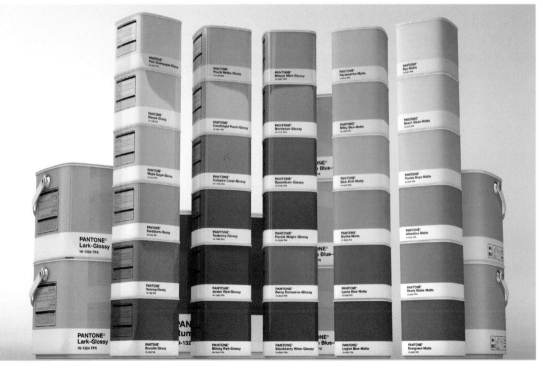

设计师 - 奇异物质

斯特姆·莫特雷·贝德产品作为一种无酒精饮料，包装上使用鲜艳、高光泽的色彩，手工制作的字样与光滑的外观形成对比。

雅各布斯·尤提瓦尔格特

设计公司 - 斯卓姆·特伦德森设计
⊘

雅各布斯·尤提瓦尔格特的包装设计融合了黑色的外观和诱人的食物图片，简单而引人注目，能立刻带来品质感；包装上的认证标志和信息缎带既能获得消费者的更多信任，又将不同产品区分开来。

设计师－斯卓姆·特伦德森

该包装使用非漂白纸板做标签，比较环保，在众多披萨包装中脱颖而出。

品味爆炸·手榴弹形状调味瓶

设计单位 - 塔波透设计

品味爆炸的黑白颜色、手榴弹形状的包装为盐或胡椒粉的存放增加了许多趣味。

设计单位 - 塔波透设计

"任何人"作为一套盛装茶、糖和咖啡的瓷罐，设计师为它设计了有趣而时髦的外形。

曼特帕那涩的奇奇

设计师 - 汤姆 • 格林伍德

曼特帕那涩的奇奇（Kiki de Monntparnasse）
包装上的图案以多种模式排列并组成整体
形象。

巴纳比 & 布朗

设计师 - 真实的深沉

澳大利亚设计师为巴纳比 & 布朗设计了一种包装方案，既能保护衬衫，又有不同分层，看起来很独特。

意大利"天空"胶凝冰糕

设计师 - 真实的深沉

意大利"天空"胶凝冰糕的包装具有独特、有机的特点，结合了意大利风格的图案，每个风味对应不同图案。

梦之球

非常有创意的包装，纸板的厚度和弹性都为光脚踢球的第三世界孩子量身打造，并且可回收。

设计公司 - 不插电设计

金格普雷

设计师 - 都市影响

金格普雷作为高端的宠物产品包装，设计简洁大方。

设计师 - 都市影响

该酒类包装肃穆而注重
细节。

☟ 设计师 - 都市影响

这个酒包装的黑色基调、花纹和外包装盒都非常抢眼。

万胜耳机

设计师 - 陈永

万胜耳机的新包装使用了可循环利用的原材料，如 **100%** 可回收的制卡片的纸料等。

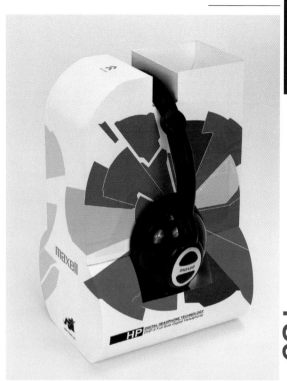

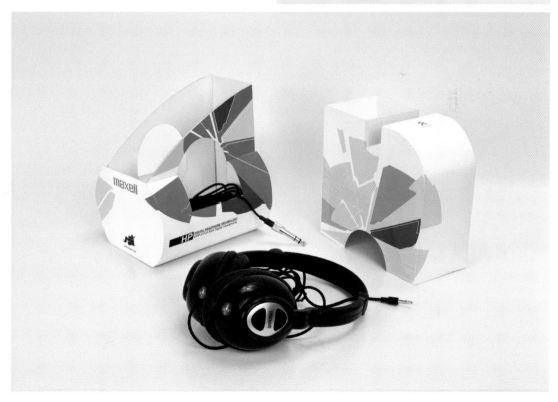

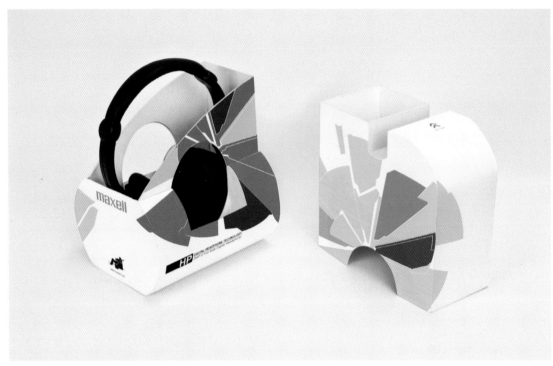

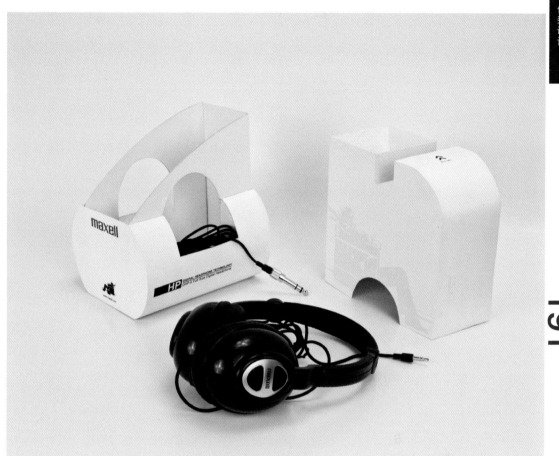

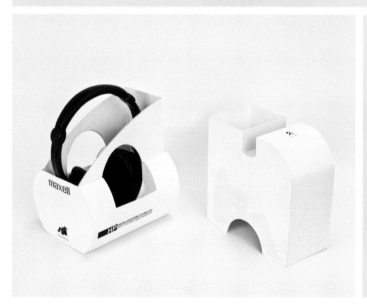

眩晕伏特加酒瓶

设计师 - 陈永

该伏特加酒包装的理念是带给购买者眩晕和扭曲的感觉。

aste and feel of vertigo · distilled 4 times activated carbon

卡斯卡帝亚户外

设计师 - 威廉·黑斯廷斯

该设计采用纸浆和纸板，强调卡斯卡帝亚品牌的环保使命感。

勒克斯苦艾酒

设计师 - 威廉·黑斯廷斯

酒瓶和标签都易于辨认，边角采用船形形状，带来挑衅的感觉。

设计师 - 亚历山大 • 艾格

亚历山大 • 艾格设计了 100 个限量版 DVD 包装。

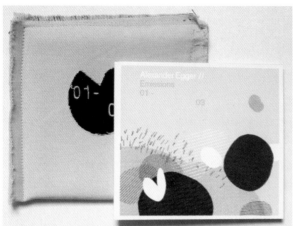

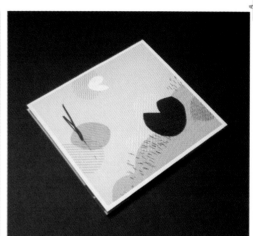

设计师 - 伯伦特森·安卓尔 & 罗伯特·达伦

设计师以一张海报作为设计整张 DVD 包装的主题，使得 DVD 的热爱者们又可以获得一张漂亮的海报。

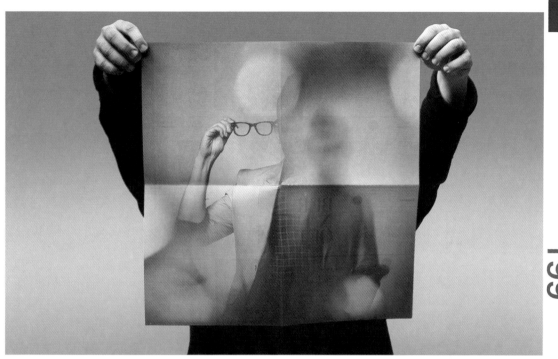

斯威·霍耶姆

设计师 - 伯伦特森·安卓尔 & 罗伯特·达伦

音乐家斯威·霍耶姆用来捐赠年度筹款的影视资料，为挪威的难民委员会献上免费的艺术品资料。

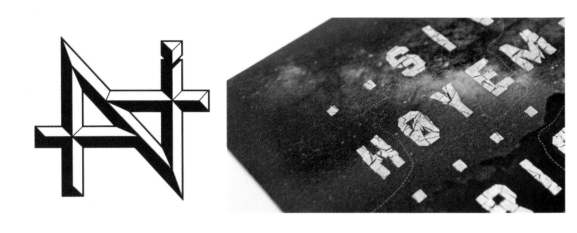

设计师 - 阿提卡

振动黑手指是一个音乐振动集体的前卫艺术团,总部位于伦敦,由阿提卡设计其标签。用简易的音乐来赞美原始,我们决定用一个双色印刷,选择黑色和红色代表一个神秘和大胆的效应。简单的字体混合着复印文本,使设计既有纹理又清晰。让整个艺术品设计为一块标签混合地展示出来。

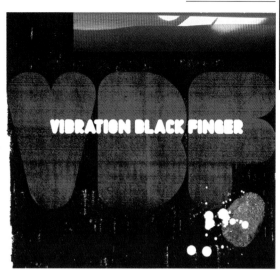

1 Blackism
(L. Gordon, A. Knight, B. Cowen, T. Page,
N. Doyne Ditmas) GB-X S S-08-00003
lascelle:drums,percussion
andy:trumpet
ben:keyboards
tom:drums,percussion
nick:bass

2 British Justice/In Rhythm
(L. Gordon, B. Cowen, M. Nicols)
GB-X S S-08-00004
lascelle:drums,percussion
ben:keyboards
maggie nicols:lead vocals
frank bying:drums
nick:bass
lisa barnez:backing vocals

3 Emin
(L. Gordon, B. Cowen, T. Page,
E. Brathwaite) GB-X S S-08-00005
lascelle:congos,bongos,shakers
ben:keyboards
tom:drums

4 Sawalha
(L. Gordon, A. Knight, B. Cowen, T.
Page, N. Doyne Ditmas, J. Arben) GB-X
S S-08-00006
lascelle:percussion,tom tom
andy:electric tabla
ben:keyboards
tom:drums
nick:bass
james:tenor sax

5 Goodbye NYC
(L. Gordon, A. Knight, B. Cowen, T.
Page, N. Doyne Ditmas, J. Arben) GB-X
S S-08-00007
lascelle:drums
andy:trumpet
ben:keyboards
tom:drums
nick:bass
james:tenor sax

6 OUL
(L. Gordon, B. Cowen, N. Doyne Ditmas)
GB-X S S-08-00008
lascelle:drums,percussion
ben:keyboards
nick:bass

7 Welcomm
(L. Gordon, A. Knight, B. Cowen,T. Page)
GB-X S S-08-00009
lascelle:drums,percussion
andy:trumpet
tom:drums,percussion
nick:bass
maggie nicols:vocals
lisa barnez:vocals

8 Ofilli
(L. Gordon, A. Knight, B. Cowen, T. Page,
N. Doyne Ditmas, N. Van Gelder)
GB-X S S-08-000010
lascelle:drums, slit drum
andy:trumpet, broken zither, organ
ben:keyboards
tom:drums
nick:bass
nick van gelder:bass with phaser

9 Drums For Peace
(L. Gordon, T. Page, S. Bartholemew)
GB-X S S-08-000011
lascelle: drums
tom: drums
simon: guitar

10 Punk
(L. Gordon, A. Knight, B. Cowen, T. Page,
N. Doyne Ditmas) GB-X S S-08-000012
lascelle:drums
andy:trumpet,electric tabla
ben:keyboards
tom:drums,
nick:bass

11 Bhamara/The Black Bee
(L.Gordon, A.Knight, B.Cowen)
GB-X S S-08-000013
lascelle:stylophone,percussion
andy:broken zither,trumpet
ben:keyboards,vocal

Recorded at Bark Studio London by Brian O'Shaunessy on June 16th 17th July 21st 22nd 2008
Overdubs on tracks 3,9,10 at Pulse Studio London 16th Nov
Produced by Lascelle
Cover and design by Attica & Daughters www.atticadesign.co.uk
Mastered by Guy Davie at Electric mastering 28.3.2009
Dedicated to Gran, Dave Hilton, Ken Kambayashi, Joy Jones, John Spears, John Elliot, Pearl Walker

设计师 - 伯伊·巴斯滕伊恩斯

整体图片第一眼看上去，就像是一个孩子用蜡笔在布纹上的信手涂鸦，实际上却是由直线组成的复杂的图案。这个外表抽象缠绕的线，也是隐喻真实本质最初的设计过程。大部分的信息都包含在这个人像的脸上，俗话说，一个折衷的富有想像力的版面将其固定在一个物品上，用极简练的设计材料放到一起，和谐的自我肖像。

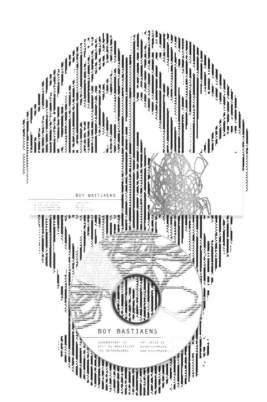

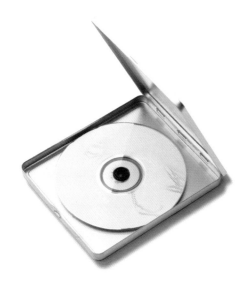

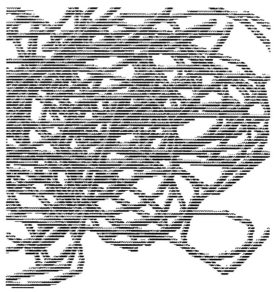

插画师运用简单诙谐的方式对文案和艺术指导这两个类似却又相当对立的角度进行了对比，最终的目的是要将产品推向市场。艺术指导则主要实现一种简洁的视觉传达。他们一个主要负责营造一种和谐美好的氛围，另一个则侧重整体视觉的表达。插画师把握住这两个不同职位的特点，用插画对比的方式进行创造性的表达，这样有趣的作品一定能博您一笑！

墓地的朋友

设计师 - 布莱恩·达纳和

在数字媒体时代，精心设计的音乐文件包装受到注意。这个限量版的凸版 CD 包被送到了音乐记者和博客作者那里，促进点播和销售。该包装设计一个插页插入图片的灵感来自于乐队的歌。

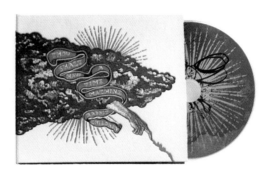

设计师 - 卡洛斯·基尔·洛尔丹

赫巴里欧餐厅庆祝它的第一个周年的音乐 CD。利用木材的纹理颜色填充树和动物形状。充满木材温暖魅力的 CD 包。

Con motivo del primer año de Herbario hemos editado un disco que reúne 14 temas compuestos por el trío **Green Monkey**, en las sesiones de jazz en vivo realizadas en el restaurante durante el 2007.

TRIO Concha y Toro obsequia este disco al ordenar tres (3) botellas de cualquiera de sus ensamblajes.
Disponible a la venta en Herbario y en otros restaurantes de Colombia.

www.elherbario.com | www.melodielounge.com

TRIO CONCHA Y TORO **HERBARIO**

帕维尔·安比尔特 DVD 包装

设计师 - 亚历山大·尼威伦

设计师用黑与白的简约而大气的设计手法来表达这张帕维尔·安比尔特的 DVD 包装。

天使阿马斯品牌

设计师 - 埃里克·卡斯

该品牌制作的一部电影，纪念在夏威夷、西雅图和华盛顿举行的婚礼。

SEA | HNL

MY LOVE FOR FILM...

when I was very young. Our family had just left Cuba, Castro had taken over the
many changes were taking place in the world, not just in politics, but also in fa
We eventually moved to Mexico City, where we lived just a few blocks away fr
Usually, late at night, I would sneak out of the house and walk to the
d to some of the most creative and innovative direction of
me a few. They all had a grasp on the a
cinated by the weird and won
ould hold a static shot
d, there could be

佐伊箱设置

设计公司 -Anonima 皇家社会

包装新颖独特，色彩与形式完美结合，韵味深长，工艺简单精致。

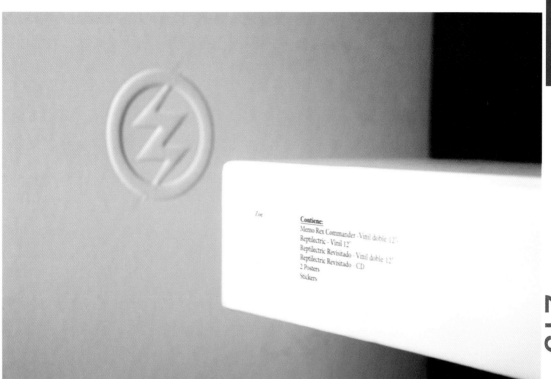

Zoe

Contiene:
Memo Rex Commander - Vinil doble 12"
Reptilectric - Vinil 12"
Reptilectric Revisitado - Vinil doble 12"
Reptilectric Revisitado - CD
2 Posters
Stickers

专辑概念包装

设计师 - 毛利西欧·加西亚

设计工作室以这个概念设计纪念墨西哥的摇滚乐队佐伊十周年。作品的灵感来自于原始概念的专辑封面，照片中乐队成员头戴高高的头盔，使它们看起来像神秘的实体。

设计师 - 艾沃娜·普尔兹拜拉

"绿肺"是一个关于环境保护的教育材料的 **CD**、**DVD** 包。包就像一本书，一个肺形切口在封面，叶状的等级在其内页面。在每个页面的等级排列的方式类似于字母的短语绿肺。树木制造氧气的能力，使其对地球的生态系统至关重要，该包装设计象征环境和环境保护。

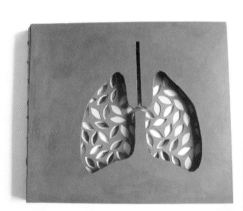

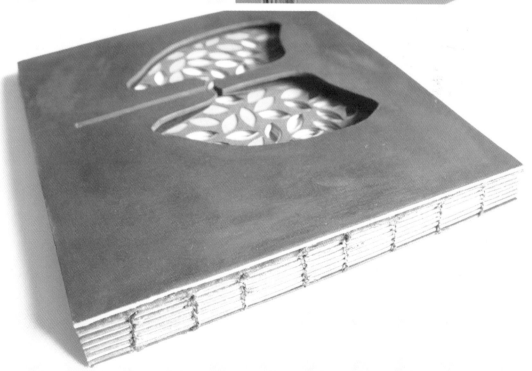

罗斯欧·马丁那瓦勒

设计师 - 艾沃娜·普尔兹拜拉

该设计展现音乐作曲家从事电影、广告、电视和多样的艺术项目。黑与白的搭配。

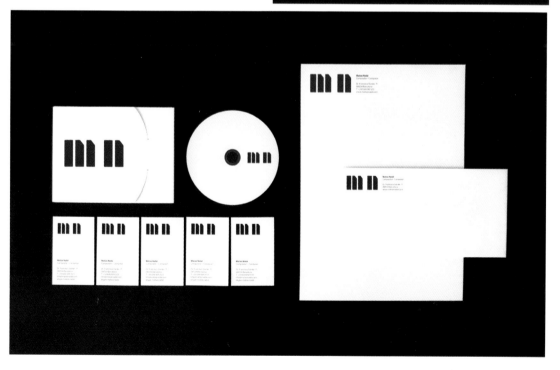

布雷迪恩林登 CD 套

设计公司 - 托多俊

该 CD 包装视觉效果很有活力，色彩鲜艳。

路克蕾西亚

设计公司 - 托多俊

"路克蕾西亚"使用了三种简单大气的颜色，视觉效果非常清爽。

设计公司 - 番茄克希尔工作室

该品牌系列的包装，设计师大胆地使用了色彩来区分不同产品的口味、品种与系列。产品明显区别于零售店中的同类产品，有力地冲击了同行业中的其他品牌。

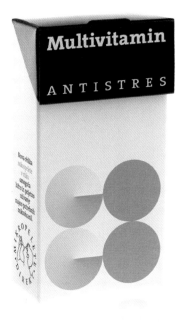

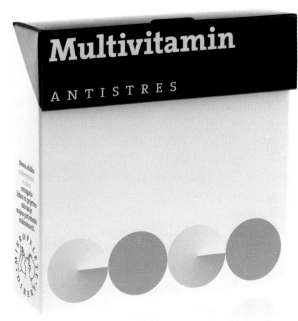

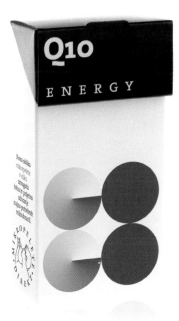

夏威夷果

设计公司 - 个人工作室

包装，不仅仅是对一个食品进行图案修饰，对细节同样关注。该品牌明确瞄准了高端的目标市场，对受众类型有着清晰的认识。

234

干打苏火腿

设计公司 - 特纳风格

包装的特色在于巧妙运用黄色作为标签，用黑色作为底盘，相互结合在一起，消费者能直观看到产品的样子。

MISCELLANEOUS MEATS AND MEAT FOOD PRODUCTS

KEEP REFRIGERATED OR FROZEN. THAW IN REFRIGERATOR OR MICROWAVE.

KEEP RAW MEAT AND POULTRY SEPARATE FROM OTHER FOODS. WASH WORKING
(INCLUDING CUTTING BOARDS), NDS AFTER TOUCHING

CasCIOPPO
SAUSAGE

KEEP REFRIGERATED
DIST. BY CASCIOPPO BROS. MEATS, INC.
2364 N.W. 80TH ST. SEATTLE, WA 98117

100% NATURAL

FULL SERVIC MEATS

ESTABLISHED Ballard WASH. USA 1947

U.S. INSPECTED AND PASSED BY DEPARTMENT OF AGRICULTURE EST. 17428

设计公司 - 特纳风格

设计师首先想到这是一款给小宝宝的产品，所以在色彩上选用了非常通透明亮的颜色。这块包装有一个好处，就是里面的产品可有婴儿用的奶嘴。

斋浦尔大道的印度茶

设计公司 - 特纳风格

该包装讲述了企业的故事，也讲述了每种茶叶的故事。该设计采用了各种大胆的颜色，为该品牌打造了一套美丽优雅的包装。

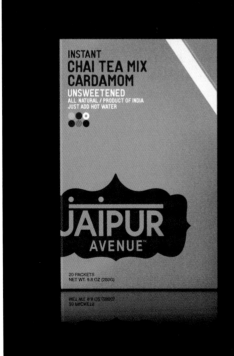

设计公司 - 埃尔斯·艾斯公司

设计师采用了大胆的创意和颜色。

设计公司 - 埃尔斯·艾斯公司

设计师采用了不同的颜色，简单明了地表现了每包纸巾的味道。

设计公司 - 个人工作室

每一种口味的包装采用了不同的图案。利用对比的手法，以一种强烈的表达方式，在视觉上强调了品牌。

PL▲NT
YOUR DREAMS
AND LET THEM
GROW!

how to plant your dreams:

characteristics:

up to 0.5m   ↔ up to 0.3m

how to grow them
with success:

needs sun   medium water   cold resistant

Red Emperor

Purissima

Sweetheart

Pink Diamond

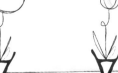
Orange Emperor

Candela